CW01369107

Ma chérie,
Je sais que tu aime les belles pierres...
Voici de quoi percer leurs secrets.
Je t'aime fort.
Francine ♡

- 03 juin 2013 -

Minéraux

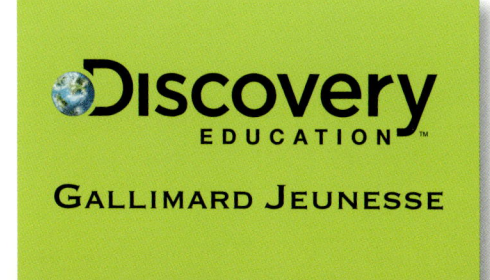

Discovery EDUCATION

GALLIMARD JEUNESSE

Discovery
EDUCATION™

UN LIVRE WELDON OWEN

© 2011 Discovery Communications, LLC.
Discovery Education™
et le logo **Discovery Education**
sont des marques déposées de Discovery
Communications, LLC, utilisées sous
licence.
Tous droits réservés.

Conçu et réalisé par
Weldon Owen Pty Ltd
59-61 Victoria Street, McMahons Point
Sydney NSW 2060, Australie

Édition originale parue sous le titre
Earth's treasures
Copyright © 2011 Weldon Owen Pty Ltd

POUR L'ÉDITION ORIGINALE
WELDON OWEN PTY LTD
Direction générale Kay Scarlett
Direction de la création Sue Burk
Direction éditoriale Helen Bateman
Vice-président des droits étrangers
Stuart Laurence
**Vice-président des droits Amérique
du Nord** Ellen Towell
**Direction administrative des droits
étrangers** Kristine Ravn
Éditeur Madeleine Jennings
Secrétaires d'édition Barbara McClenahan,
Bronwyn Sweeney, Shan Wolody
Assistante éditoriale Natalie Ryan
Direction artistique Michelle Cutler,
Kathryn Morgan
Maquettistes Stephanie Tang, Lena Thunell
Responsable des illustrations
Trucie Henderson
Iconographe Tracey Gibson
Directeur de la fabrication
Todd Rechner
Fabrication Linda Benton et Mike
Crowton
Conseiller John O'Byrne

POUR L'ÉDITION FRANÇAISE
Responsable éditorial Thomas Dartige
Édition Éric Pierrat et Jessica Mautref
Couverture Marguerite Courtieu
Photogravure de couverture Scan+
Réalisation de l'édition française
ML Éditions, Paris,
sous la direction de Michel Langrognet
Traduction Sylvie Deraime
Édition et PAO Anne Papazoglou-
Obermeister et Giulia Valmachino
Correction Christiane Keukens-Poirier

ISBN : 978-2-07-064145-1
Copyright © 2012 Gallimard Jeunesse,
Paris
Dépôt légal : janvier 2012
N° d'édition : 183604
Loi n° 49-956 du 16 juillet 1949
sur les publications destinées
à la jeunesse.

Ne peut être vendu au Canada

Imprimé et relié en Chine
par 1010 Printing Int Ltd.

Minéraux

Edward Close

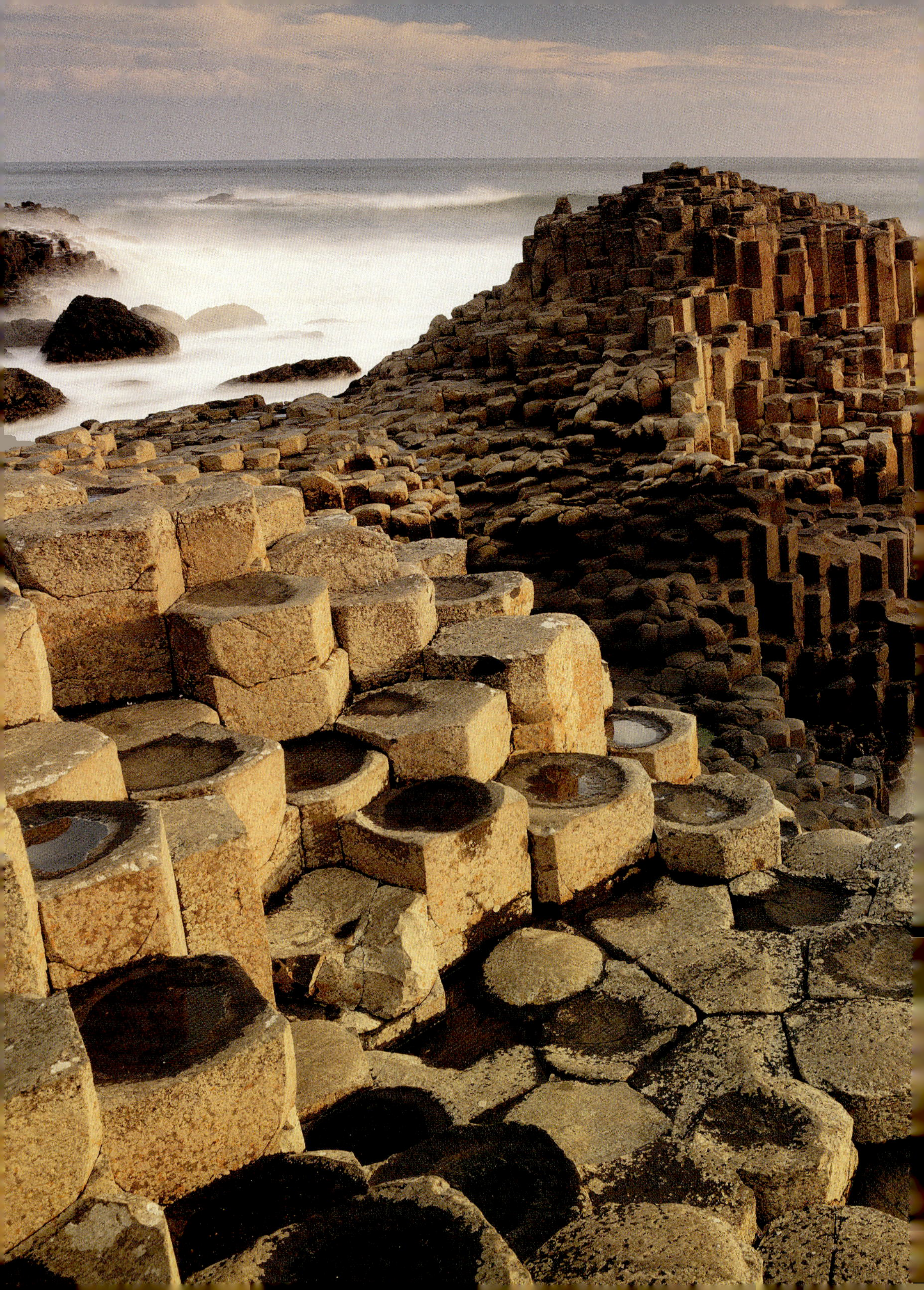

Sommaire

La Terre dans l'espace 6

Terre naissante 8

À l'intérieur de la Terre 10

Roches changeantes 12

Roches et minéraux 14

    Minéraux magiques 16

    Belles pierres 18

    Roches ignées 20

    Roches sédimentaires 22

    Roches métamorphiques 24

Fascinants fossiles 26

Étonnante Terre 28

Fabriquer un fossile 30

Glossaire 31

Index 32

MINÉRAUX

La Terre dans l'espace

Avec ses vastes océans, ses continents et son atmosphère, la Terre paraît énorme. Elle n'est pourtant qu'une des huit planètes du Système solaire, tournant autour d'une étoile, le Soleil, beaucoup plus grosse. Le Soleil n'est lui-même qu'une étoile parmi des centaines de milliards, au sein d'une galaxie, parmi des milliards d'autres galaxies observables dans l'Univers.

Soleil
Cette boule de gaz procure lumière et chaleur à la Terre.

Mars
Celle qu'on surnomme la « planète rouge » est la deuxième plus petite planète du Système solaire.

Terre
Troisième planète à partir du Soleil, c'est la seule, à notre connaissance, qui porte la vie.

Vénus
Vénus, dont l'épaisse atmosphère piège la chaleur du Soleil, est la planète la plus chaude.

Mercure
Planète la plus proche du Soleil, Mercure est aussi la plus petite du Système solaire.

Ceinture d'astéroïdes
La région entre Mars et Jupiter est peuplée de petits corps rocheux, de forme irrégulière, trop petits pour être appelés planètes.

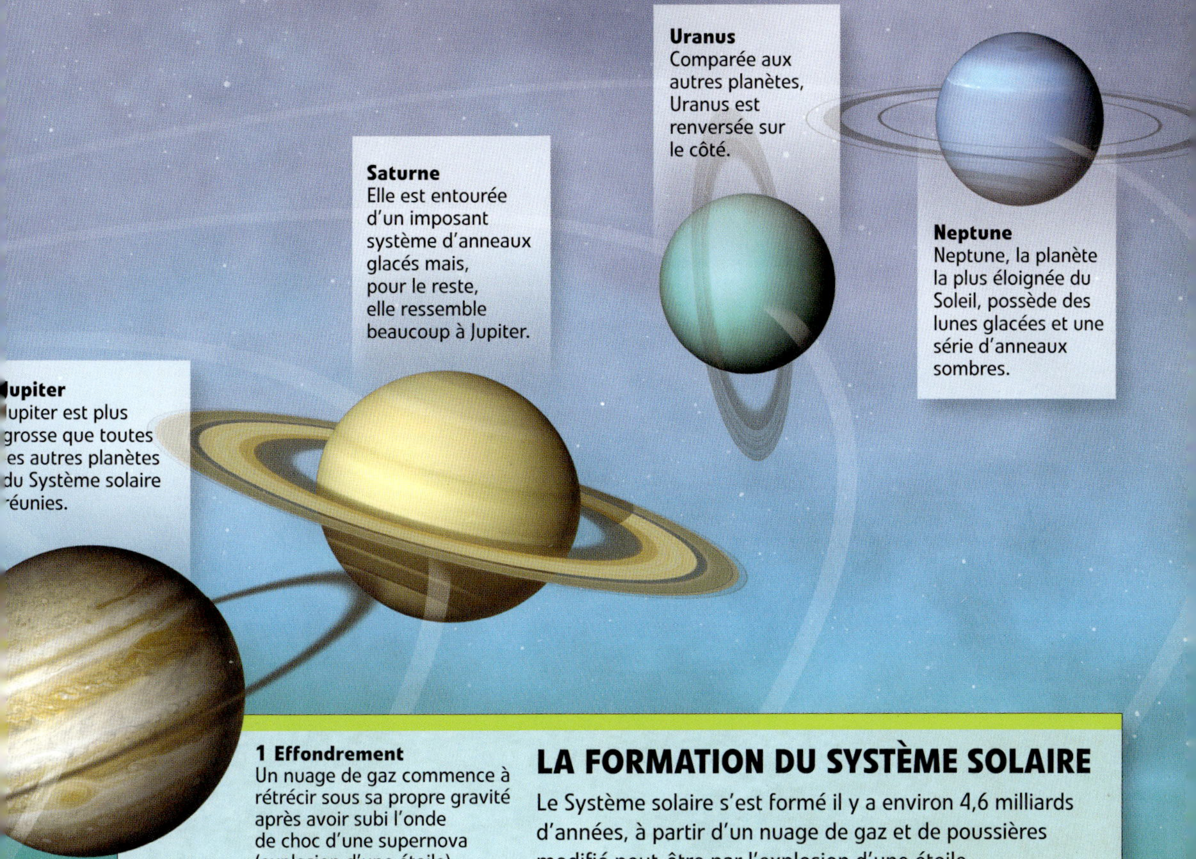

LA TERRE DANS L'ESPACE | 7

Uranus
Comparée aux autres planètes, Uranus est renversée sur le côté.

Saturne
Elle est entourée d'un imposant système d'anneaux glacés mais, pour le reste, elle ressemble beaucoup à Jupiter.

Neptune
Neptune, la planète la plus éloignée du Soleil, possède des lunes glacées et une série d'anneaux sombres.

Jupiter
Jupiter est plus grosse que toutes les autres planètes du Système solaire réunies.

LA FORMATION DU SYSTÈME SOLAIRE

Le Système solaire s'est formé il y a environ 4,6 milliards d'années, à partir d'un nuage de gaz et de poussières modifié peut-être par l'explosion d'une étoile.

1 Effondrement
Un nuage de gaz commence à rétrécir sous sa propre gravité après avoir subi l'onde de choc d'une supernova (explosion d'une étoile).

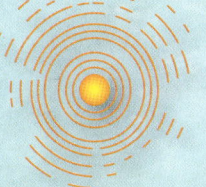

2 Disque tourbillonnant
En se contractant, le nuage s'échauffe, s'aplatit et se met à tourner, formant un disque géant.

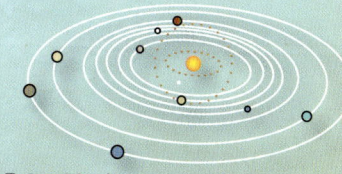

3 Combinaisons
Les particules du disque s'assemblent en petits corps pareils à la Lune.

4 Formations
Ces corps s'attirent et grossissent en s'agrégeant. Le Soleil commence à briller au centre du système, et les planètes se forment peu à peu.

8 | MINÉRAUX

Il y a 4,6 à 4,2 milliards d'années
La Terre est bombardée par des météorites et des comètes. Les éléments les plus lourds s'enfoncent dans son cœur très chaud jusqu'au noyau.

Il y a 4,2 à 3,8 milliards d'années
La lave s'épanchant des cratères refroidit pour former la croûte terrestre. Les océans se remplissent de l'eau provenant des volcans et des comètes.

Un monde aquatique
Vue de l'espace, la Terre est bleu et blanc. Elle doit sa couleur bleue aux océans qui couvrent plus de 70 % de sa surface, le blanc étant dû aux nuages et à la glace.

Terre naissante

La Terre a commencé à se former il y a environ 4,6 milliards d'années, à partir du même nuage que le Soleil et le reste du Système solaire. Au fil du temps, la gravitation a aggloméré le gaz, la glace, les poussières et les petites roches, donnant naissance aux planètes et aux lunes.

TERRE NAISSANTE | 9

Empreintes de météorites

Toutes les planètes et leurs lunes ont été heurtées des millions de fois par des astéroïdes et des comètes. Nous pouvons voir sur la Lune les gigantesques cratères creusés par les météorites tombées à sa surface pendant des milliards d'années. La Lune n'ayant ni atmosphère ni plaques lithosphériques, ces cratères ne disparaîtront jamais.

IMPACT MÉTÉORITIQUE

Il arrive encore qu'un astéroïde soit expulsé de la ceinture d'astéroïdes et que sa trajectoire l'amène à s'écraser sur une planète. Sa masse détermine la taille du cratère.

1 Astéroïde à l'approche
La friction subie dans l'atmosphère de la planète ou de la lune par l'astéroïde l'échauffe, le rougit et le fait fondre partiellement.

2 Boule de feu
En 4 secondes environ, l'astéroïde chute de 80 km pour venir heurter et vaporiser les roches de surface.

3 Impact
Un nuage de roches vaporisées et de fragments chauffés à blanc est dispersé dans l'air.

4 Refroidissement
La vapeur refroidit et se condense à l'intérieur des roches dispersées. Les roches souterraines surchauffées explosent, ce qui crée une colline au centre du cratère.

5 Le cratère
Quelle que soit la direction de l'astéroïde, la forme du cratère est circulaire.

À l'intérieur de la Terre

La Terre se compose de plusieurs couches, formées quand elle n'était encore qu'une boule de roche en fusion. Si nous pouvions voyager jusqu'à son centre, nous franchirions d'abord une mince croûte rocheuse. Puis, nous traverserions le manteau, profond, constitué de roche solide mais souple. Après être passés à travers le noyau externe en ébullition, nous atteindrions le noyau interne, extrêmement chaud : une boule solide de fer et de nickel.

De quoi est faite la Terre

Même si nous ne pouvons pas creuser très profondément pour bien connaître l'intérieur de la Terre, l'étude des roches et des minéraux des autres planètes nous donne une idée de la composition de la nôtre.

Croûte
- Silicium 58 %
- Aluminium 16 %
- Fer 8 %
- Magnésium 4 %
- Calcium 7 %
- Sodium 3 %
- Potassium 2 %
- Autres 2 %

Manteau
- Silicium 45 %
- Magnésium 41 %
- Fer 8 %
- Aluminium 3 %
- Calcium 2 %
- Autres 1 %

Noyau
- Fer 84 %
- Nickel 6 %
- Autres 10 %

Olivine
Ce qu'on appelle l'olivine est un fragment du manteau terrestre transporté jusqu'en surface par une éruption volcanique.

À L'INTÉRIEUR DE LA TERRE | **11**

Les couches de la Terre

Pour l'essentiel, la Terre est solide, mais son noyau externe est liquide. Il contient un noyau interne solide, dont la température est estimée à 4 000 °C.

Croûte
Cette mince couche rocheuse recouvrant la Terre a une épaisseur qui varie de 5 à 70 km.

Asthénosphère
Cette couche de roche molle, partiellement fondue, est épaisse d'environ 200 km.

Manteau
Le manteau supérieur se compose de roche souple, mouvante et le manteau inférieur de roche dure.

Noyau externe
Il est formé de fer et de nickel liquides.

Noyau interne
C'est une boule solide, rougeoyante faite de fer et de nickel.

Le déplacement de l'asthénosphère, sur laquelle flotte la croûte terrestre, peut atteindre 10 cm par an.

Courants de convection
Quand un fluide se réchauffe puis refroidit, il s'écoule en un courant circulaire, appelé courant de convection. Ce sont de tels courants qui font bouger les plaques rocheuses formant la croûte terrestre.

12 | MINÉRAUX

Roches changeantes

Q uand les roches en fusion refroidissent, elles forment des roches ignées. Les débris de roches érodées par le vent et l'eau s'empilent en couches de sédiments : les roches sédimentaires. Si elles subissent la chaleur et la pression intenses des forces tectoniques, les roches se transforment en roches métamorphiques.

Roches en mouvement
Les roches sous nos pieds se déplacent depuis près de 5 milliards d'années, suivant un cycle très lent. La roche en fusion jaillit des volcans, s'érode et forme de nouvelles roches, qui finissent par retourner dans les profondeurs de la Terre.

Les fragments de roches, la boue et le sable se déposent dans les deltas des fleuves et au fond des océans.

Les dépôts forment des strates de roches sédimentaires.

Croûte océanique

Manteau

Le mouvement des plaques lithosphériques entraîne les sédiments dans les profond

ROCHES CHANGEANTES | 13

Les différents types de roches
Il faut des millions d'années pour qu'une roche se forme et se transforme. On distingue trois types de roches terrestres.

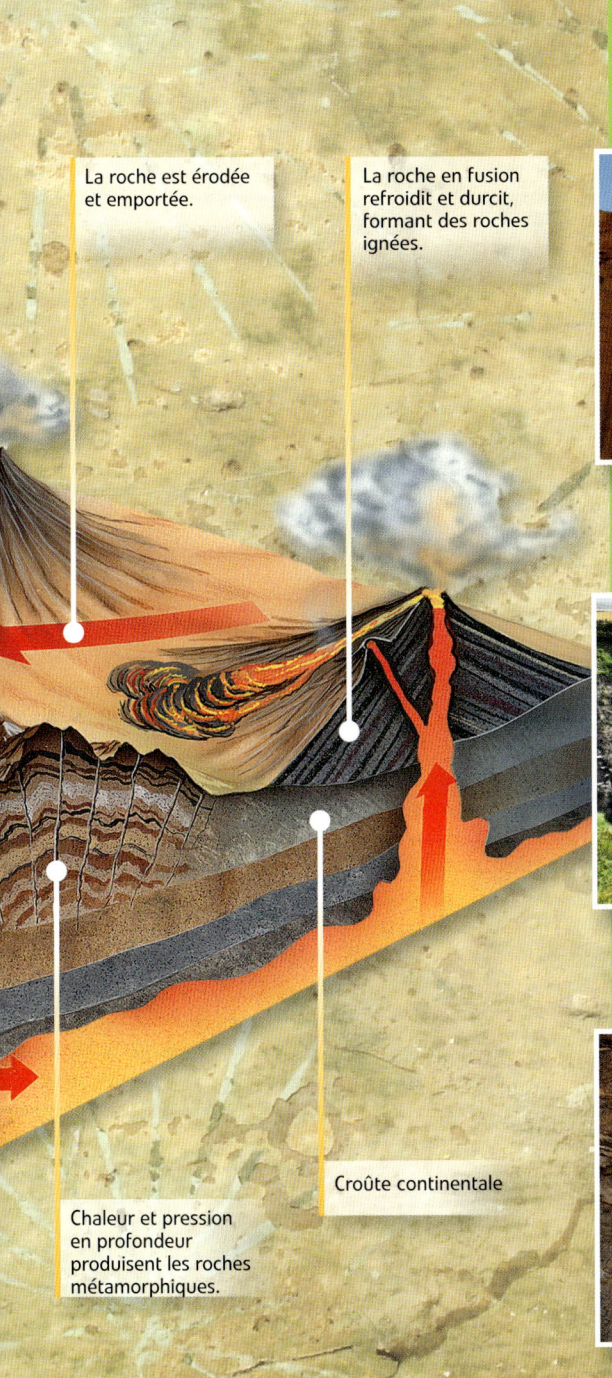

La roche est érodée et emportée.

La roche en fusion refroidit et durcit, formant des roches ignées.

Les roches ignées
Le granite, le basalte et le gabbro, entre autres, sont des roches ignées, résultant de la solidification de magma ou de lave (de la roche en fusion).

Les roches sédimentaires
Celles-ci sont formées soit à partir de l'érosion de roches plus anciennes (grès, argile, etc.), soit par l'accumulation d'organismes vivants (calcaire, craie, etc.).

Croûte continentale

Chaleur et pression en profondeur produisent les roches métamorphiques.

Les roches métamorphiques
L'ardoise, le marbre et le quartzite sont des exemples de roches provenant de la transformation par la chaleur et la pression de roches ignées ou sédimentaires.

Roches et minéraux

Toutes les roches sont constituées de minéraux. Elles forment la matière du sol, des montagnes et des falaises. Même le sable et l'argile sont des types de roches, composées de minuscules particules. Les hommes utilisent les roches et les minéraux depuis des millions d'années.

Roches

Les hommes ont longtemps façonné leurs outils et leurs armes dans la pierre. Les roches servent toujours à construire des maisons, des ponts et bien d'autres objets. Les matériaux peuvent être taillés directement dans la roche ou, comme la brique et le ciment, être fabriqués à partir de roches sédimentaires. Les roches peuvent être exposées à la chaleur ou à des produits chimiques pour produire du verre ou de la céramique.

Minéraux

Les minéraux sont des substances naturellement présentes dans la croûte terrestre et qui ne proviennent ni d'un animal ni d'une plante. Certains, comme l'or, ne sont faits que d'un seul élément chimique, d'autres sont composés de plusieurs, à l'exemple des silicates. Les minéraux constituant une roche se présentent en général sous forme de cristaux liés ensemble.

Cristaux

Un cristal est un arrangement régulier d'atomes ou de molécules. Les cristaux possèdent des propriétés différentes et adoptent des formes variées. Par exemple, les cristaux de sucre sont allongés, alors que ceux de sel sont cubiques. On les utilise de diverses façons : diamants, rubis et d'autres sont considérés comme de précieux joyaux depuis des milliers d'années, tandis que de minuscules cristaux de quartz permettent à nos radios et horloges de fonctionner.

Minéraux magiques

Les scientifiques ont identifié plus de 2 500 minéraux, dont un grand nombre sont très rares. La plupart se trouvent dans la croûte terrestre. Ils peuvent se former en surface, comme les minéraux de l'argile, ou à une faible profondeur, ou encore très loin dans la croûte. Les dépôts minéraux se présentent sous toutes les formes et tailles, selon l'endroit ou la manière dont le minéral s'est concentré.

> Les stries, l'éclat, le poids et la forme des cristaux sont d'autres clés d'identification.

La couleur

La caractéristique la plus frappante d'un minéral est souvent sa couleur. Mais celle-ci ne permet pas d'identifier un minéral de manière très fiable, car elle dépend des impuretés. On trouve ainsi des diamants et des quartz de couleurs très variées.

Rhodochrosite Rose

Malachite Vert foncé

Soufre Jaune vif

Fluorite Violet

Fluorite Jaune

Fluorite Vert

Améthyste

Opale

Pyrite

MINÉRAUX MAGIQUES 17

La transparence
Beaucoup de minéraux, comme le quartz, sont transparents à l'état pur : on voit bien à travers eux, car la lumière les traverse. D'autres, comme la pierre de lune, sont semi-transparents. La lumière ne passe que faiblement à travers les minéraux translucides et pas du tout à travers les minéraux opaques.

Quartz
Transparent

Pierre de lune
Semi-transparente

Chrysoprase
Translucide

Malachite
Opaque

Barite

L'échelle de dureté de Mohs
Cette échelle utilise dix minéraux, ordonnés du plus tendre au plus dur, pour déterminer la dureté de tous les autres minéraux. Par exemple, en frottant un minéral inconnu sur du quartz et si celui-ci raye ce minéral, on peut dire qu'il est plus tendre que le quartz.

1 Talc
2 Gypse
2,5 Ongle
3 Calcite
3,5 Pièce en cuivre
4 Fluorite
5 Apatite
5,5 Verre
6,5 Lame en acier
6 Orthose
7 Quartz
8 Topaze
8,5 Papier émeri
9 Corindon
10 Diamant

Belles pierres

Pour mériter le statut de pierre précieuse, un minéral doit être à la fois beau, durable et rare. Parmi les plus précieuses figurent les diamants, les rubis, les saphirs et les émeraudes. L'améthyste a longtemps été classée comme gemme mais ne l'est plus depuis la découverte de gisements importants au Brésil. Le soufre n'est pas assez durable et le quartz est bien trop commun. Une des gemmes les plus prisées est l'alexandrite, extrêmement rare, dont la couleur varie du vert au rouge en fonction de la lumière.

Diamants éternels
Se composant de carbone pur, le diamant est le minéral le plus dur. Les premiers diamants furent découverts, il y a au moins deux mille ans, dans les fleuves de l'Inde.

Diamant
La plupart des diamants sont limpides, légèrement teintés de jaune mais il en existe aussi des roses, verts, bleus et violets. Les rouges sont les plus rares.

Rubis
Le mélange de chrome et de corindon produit un minéral rouge, le rubis. Les rubis rouge sang comptent parmi les gemmes les plus rares au monde.

PIERRES DE NAISSANCE

Les pierres de naissance correspondraient aux douze gemmes qui ornaient le collier d'Aaron, le frère de Moïse, et représentaient les douze tribus d'Israël. Ces pierres sont aujourd'hui associées aux douze mois de l'année.

JANVIER Grenat

FÉVRIER Améthyste

MARS Aigue-marine

AVRIL Diamant

MAI Émeraude

JUIN Perle fine

JUILLET Rubis

AOÛT Péridot

SEPTEMBRE Saphir

OCTOBRE Opale

NOVEMBRE Topaze

DÉCEMBRE Turquoise

BELLES PIERRES 19

Tourmaline
Ce minéral cristallin est classé comme pierre semi-précieuse. On en trouve de différentes couleurs, la plus commune étant le noir.

La formation du diamant
Pour que du carbone pur se transforme en diamant, il faut une pression extrêmement élevée. Celle-ci ne peut être trouvée qu'à 145 km de profondeur.

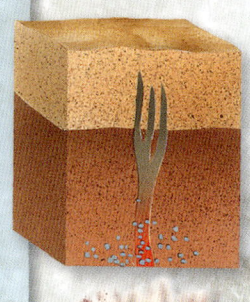

Émeraude
L'émeraude est une variété transparente du béryl. Elle doit sa couleur verte à la présence de chrome.

Remontée à la surface
Le magma remonte du manteau dans la croûte, rapportant des diamants vers la surface.

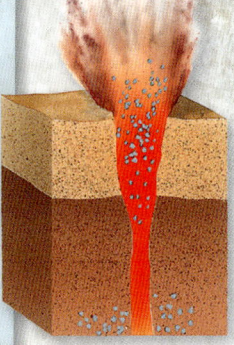

Saphir
Les saphirs sont le plus souvent bleus, mais il en existe aussi de couleur orange ou jaune.

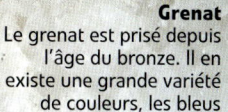

Bulles explosives
Quand le magma approche de la surface, des bulles de gaz se forment et le magma commence à bouillir, ce qui provoque une explosion.

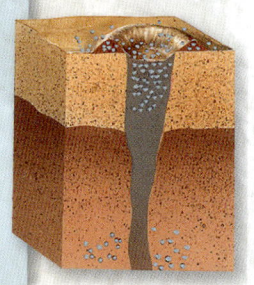

Grenat
Le grenat est prisé depuis l'âge du bronze. Il en existe une grande variété de couleurs, les bleus étant les plus rares.

À la surface
La roche fragmentée et le magma durcissent au débouché du volcan. L'érosion emporte une partie des diamants dans les cours d'eau proches.

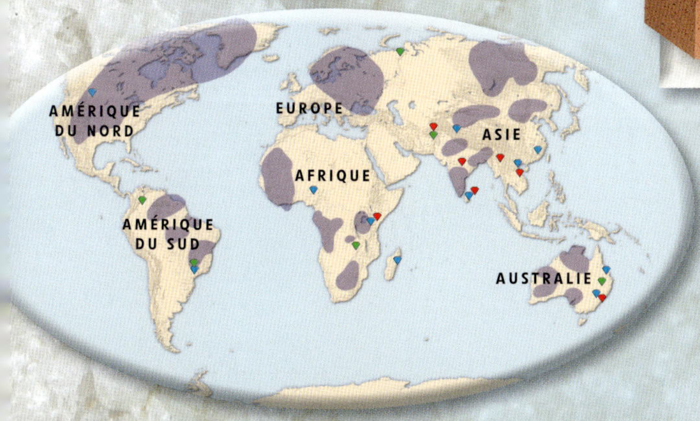

AMÉRIQUE DU NORD
EUROPE
ASIE
AFRIQUE
AMÉRIQUE DU SUD
AUSTRALIE

D'où viennent les pierres précieuses ?
Les diamants proviennent de régions ayant abrité des volcans explosifs. Les rubis et les saphirs sont souvent extraits des cours d'eau.

LÉGENDE
- Diamants
- Émeraudes
- Saphirs
- Rubis

MINÉRAUX

Roches ignées

Ces roches résultent du refroidissement et de la solidification de la roche en fusion. Dans les profondeurs de la croûte terrestre, ce processus peut prendre des milliers d'années. Les cristaux naissant dans les roches ignées sont alors beaucoup plus gros, comme c'est le cas pour le granite. Les roches ignées formées en surface refroidissent en quelques heures ; les cristaux qui s'y forment peuvent être microscopiques.

LA FORMATION D'UNE COLONNE

Les colonnes rocheuses sont les vestiges d'anciennes coulées de lave. Elles émergent, tels des piliers, lorsque la roche environnante, plus tendre, a été érodée.

Refroidissement
La lave commence à refroidir et se rétracte à mesure que sa chaleur se dissipe dans l'air ou dans le sol.

Fissures
La tension due au refroidissement crée des fissures sur les surfaces en contact avec l'air ou le sol. Ces fissures se propagent vers le cœur encore chaud.

Colonnes
Quand les fissures se rejoignent au centre, elles découpent des colonnes dans la lave.

Sable noir
La plage de Dyrholaey, en Islande, tire son sable noir de l'érosion du basalte environnant, formé par le refroidissement de coulées de lave.

La Chaussée des Géants
Ces incroyables colonnes hexagonales qui se dressent en Irlande du Nord sont les vestiges de coulées de lave basaltique qui se sont épanchées après la séparation de l'Europe et de l'Amérique du Nord, il y a soixante millions d'années. Certaines de ces colonnes hexagonales sont larges de 2 m.

LA FORMATION D'UN CANYON

Les canyons et les gorges se forment quand de l'eau coule sur une même surface de roches sédimentaires dures pendant des millions d'années. L'eau, peu à peu, creuse la roche.

Formation de lits
Le recul de la mer ou un soulèvement de terrain expose les roches sédimentaires. Les cours d'eau commencent par y creuser des lits étroits.

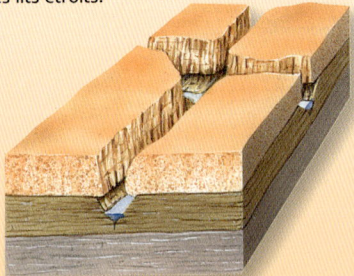

Érosion
L'eau continue d'éroder les roches dures. Quand elle atteint une couche plus tendre, elle peut y creuser un lit plus large.

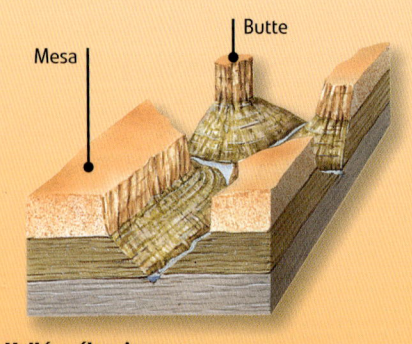

Butte
Mesa

Vallées élargies
L'écoulement de l'eau fait s'effondrer les couches supérieures de roches dures. Il subsiste de larges mesas et des buttes.

Roches sédimentaires

Au fil de millions d'années, les roches en surface se dégradent sous l'action du vent et de l'eau, et se transforment en particules rocheuses qui se déposent au fond des lacs et des océans. Peu à peu, la couche de sédiments ainsi formée s'épaissit, pour atteindre des centaines de mètres. Elle exerce une formidable pression sur les couches inférieures. Ce processus, combiné aux propriétés de certains minéraux, cimente les sédiments, qui constituent alors des roches sédimentaires.

ROCHES SÉDIMENTAIRES 23

Le Grand Canyon
Le Grand Canyon, situé dans l'Arizona, aux États-Unis, a été sculpté par le fleuve Colorado. Ses parois sont constituées par un épais empilement de strates sédimentaires, remontant à près de 2 milliards d'années.

Millions d'années

Calcaire de Kaibab
Couche la plus récente, composée de fossiles de coquillages microscopiques.
265

Grès Toroweap
Formé à partir de dépôts de sable lorsque la mer recouvrait le désert de Coconino.
270

Grès Coconino
Formé à partir de sable du désert à une époque où la mer était à son niveau le plus bas.
275

Argile schisteuse d'Hermit
Formée à partir du limon et de la vase charriés par les fleuves dans la plaine d'inondation du delta.
280

Groupe de Supai
Quand la mer devint moins profonde, les cours d'eau déposèrent cette couche de vase et de sable sur d'autres plus anciennes.
300

Calcaire de Redwall
Formé à partir de l'accumulation des coquilles de minuscules animaux morts sur le fond marin.
340

Calcaire de Temple Butte
Quand la mer était à son plus haut niveau, la vie prospérait dans les eaux plus chaudes.
375

Calcaire de Muav
Une fois le sol complètement noyé par la mer, de minuscules coquillages marins se déposèrent.
520

Argile schisteuse de Bright Angel
Formée à partir de fins grains de limon et de vase lorsque les plages Tapeats furent submergées.
540

Grès de Tapeats
Vestiges d'une plage de sable formée après que la mer eut recouvert les schistes de Vishnou érodés.
560

Granite de Zoroastre
Cette couche a fait intrusion dans les schistes de Vishnou et a refroidi lentement avant que la chaîne de montagnes ne s'érode.

Schistes de Vishnou
Couche rocheuse la plus ancienne, formée lorsque la collision de deux continents, il y a près de 2 milliards d'années, souleva des chaînes de montagnes.
2 000

Types métamorphiques
Selon l'intensité de la chaleur et de la pression, il peut se former différents types de roches métamorphiques.

Phyllite
Cette roche foliée («feuilletée») est surtout composée de quartz, de séricite, de mica et de chlorite.

Amphibolite
C'est une roche lourde, de couleur sombre, qui se fracture de manière irrégulière.

Gneiss
Cette roche à grain moyen ou grossier est abondante et largement répartie dans le monde.

Schiste
Cette roche métamorphique à grain grossier a un aspect feuilleté.

Roches métamorphiques

Ces roches se forment sous la surface lorsque des roches ignées ou sédimentaires sont soumises à une chaleur et une pression extrêmes. Les roches sont alors «cuites» et leur structure s'en trouve transformée. Leur fusion partielle modifie leur composition chimique de sorte que la roche finale est très différente de la roche originelle. Le calcaire, par exemple, soumis pendant des milliers d'années à une chaleur et à une pression intenses devient du marbre.

Métamorphisme régional
Le mouvement des plaques lithosphériques engendre des forces opposées, qui compriment un vaste terrain, d'où son nom de régional. Les roches, plissées et écrasées, subissent une transformation.

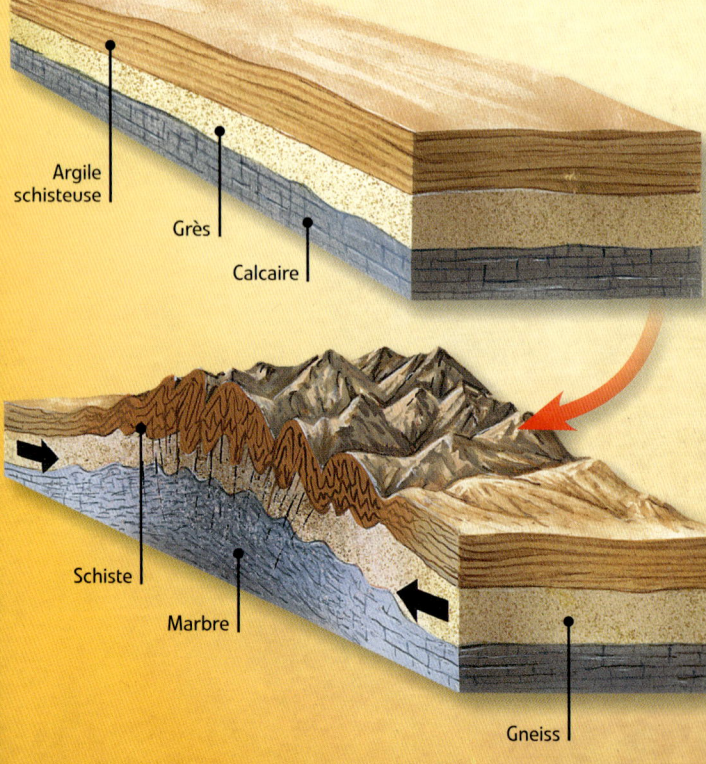

Argile schisteuse
Grès
Calcaire
Schiste
Marbre
Gneiss

ROCHES MÉTAMORPHIQUES | 25

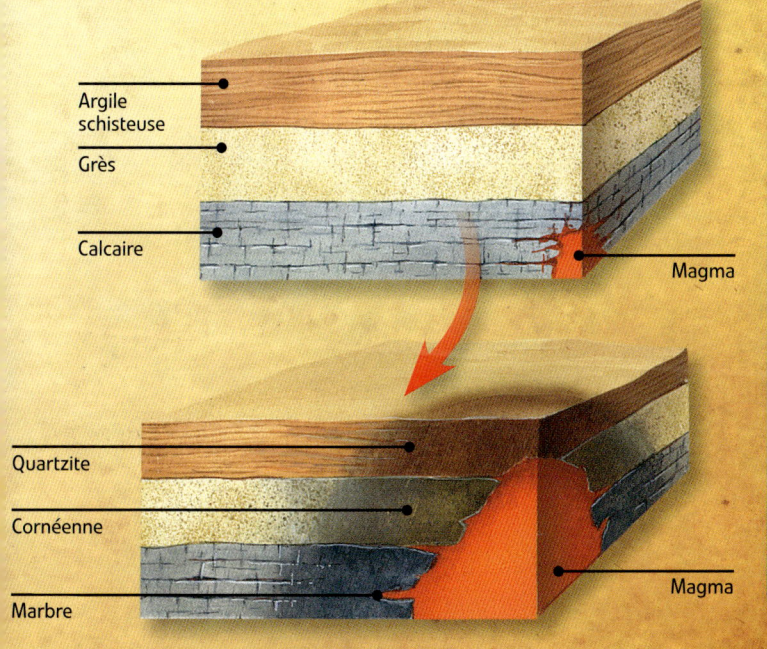

USAGE
Les roches métamorphiques sont notamment utilisées dans la construction, pour la sculpture ou la décoration.

Marbre
Construit au XVIIe siècle, le Tadj Mahall, en Inde, est entièrement en marbre.

Quartzites
Les quartzites du Creek Basin, dans le parc américain de Yellowstone, sont striés de mauve.

Trésors des montagnes
Les grandes chaînes de montagnes comme l'Himalaya abritent des roches métamorphiques formées sur des millions d'années.

Jade
Les Chinois sculptent cette roche depuis des siècles.

Métamorphisme de contact
Du magma pénètre des strates rocheuses. Il chauffe les roches environnantes, ce qui crée divers types de roches métamorphiques, en fonction des roches présentes à l'origine.

Lapis-lazuli
Cette roche d'un bleu profond est utilisée pour l'ornementation depuis l'Antiquité.

Argile schisteuse
Grès
Calcaire
Magma

Quartzite
Cornéenne
Marbre
Magma

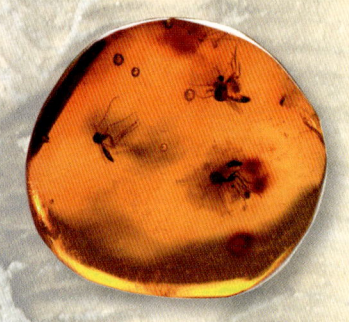

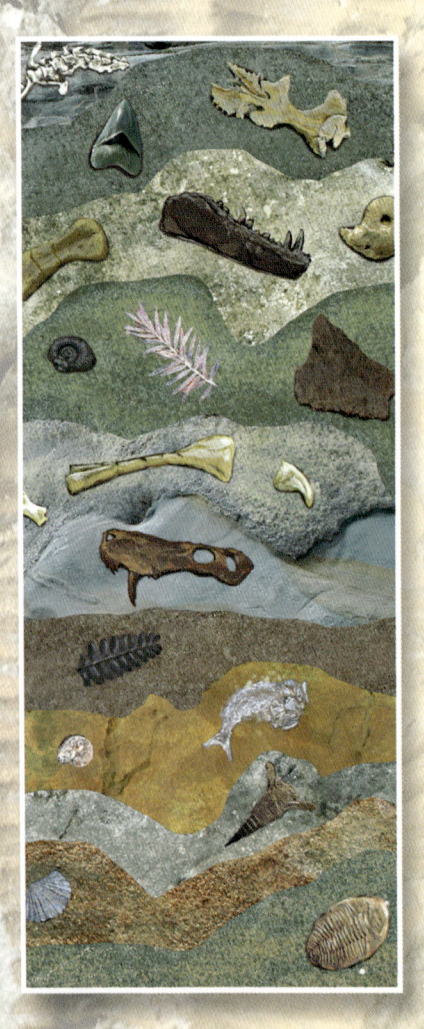

Fascinants fossiles

Il arrive parfois, quand un animal ou une plante meurt, que ses restes soient enfouis avant de se décomposer. Dans des conditions favorables, ils se transforment en pierre. Les fossiles sont les vestiges d'organismes préhistoriques ainsi préservés dans la croûte terrestre. Ils peuvent avoir la forme d'une coquille, d'un os, d'une dent, d'une feuille ou d'une empreinte de pied.

Ambre
Il arrive que des organismes complets soient piégés dans la résine collante des arbres et soient préservés, comme ces guêpes emprisonnées pendant des millions d'années.

La vie révélée
Aux différentes strates rocheuses correspondent des ères géologiques. Les roches du paléozoïque, les plus anciennes et les plus profondes, livrent les premières formes de vie, simples. Les roches du mésozoïque et du cénozoïque, l'ère la plus récente, révèlent des animaux et des plantes de plus en plus complexes.

Incroyable !
L'âge des fossiles varie de 3,5 milliards d'années, pour des traces d'algues microscopiques, à 10 000 ans, pour des restes d'animaux enfouis lors de la dernière glaciation.

FOSSILISATION
Les fossiles de dinosaures sont rares. Pour qu'un dinosaure devienne un fossile, il devait être enfoui avant d'être dévoré par les charognards ou de se décomposer. En général, seuls les os et les dents se sont fossilisés. On a toutefois aussi retrouvé des excréments et des empreintes de dinosaures fossilisés.

Il y a 70 millions d'années
Deux dinosaures en train de se battre sont ensevelis par l'effondrement d'une dune humide. Leurs tissus mous se sont décomposés mais leurs squelettes ont été préservés.

Fossiles de trilobites
Les trilobites étaient des arthropodes, des animaux marins à carapace rigide, qui vivaient il y a environ 250 millions d'années. Ils se sont éteints à la fin du paléozoïque. Les fossiles ont permis d'identifier plusieurs milliers d'espèces.

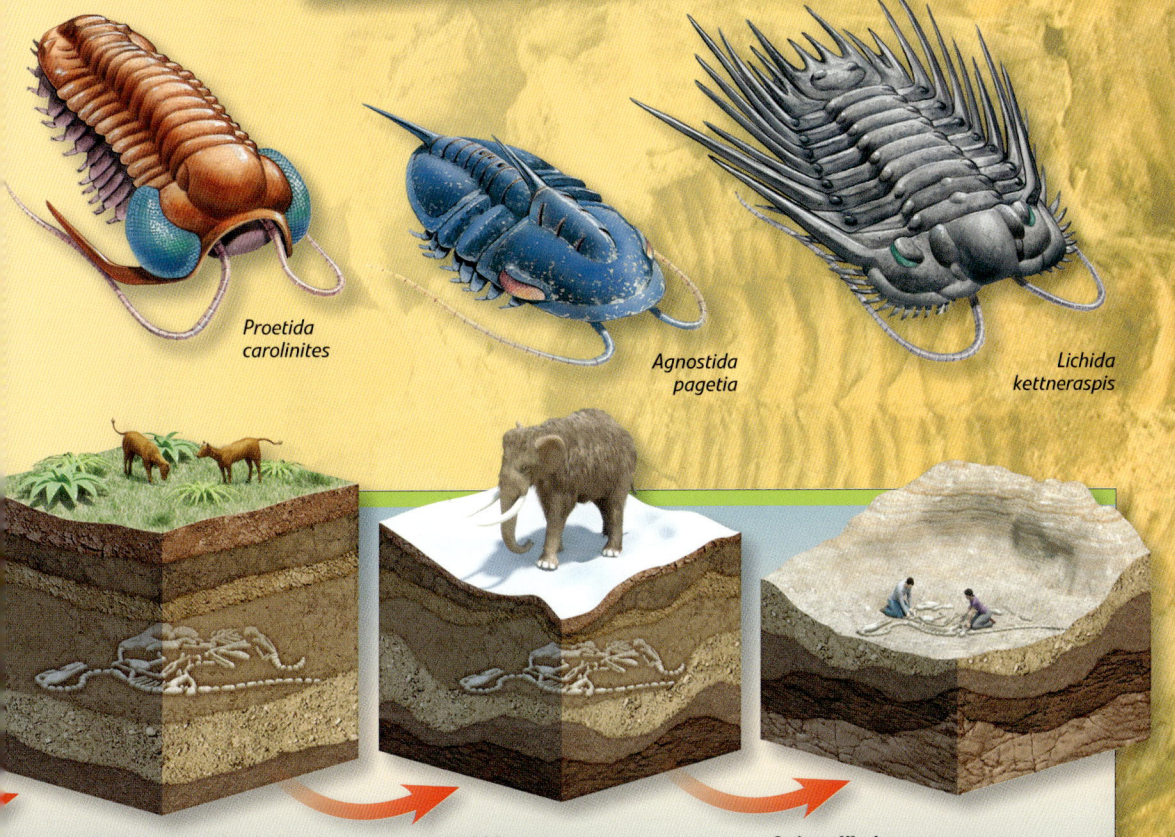

Proetida carolinites

Agnostida pagetia

Lichida kettneraspis

Il y a 40 millions d'années
Les éléments chimiques dissous dans les eaux souterraines ont transformé les squelettes comprimés sous plusieurs strates rocheuses en pierre.

Il y a 20 000 ans
Les mouvements de la croûte terrestre puis l'érosion à l'œuvre durant la dernière glaciation ont rapproché les fossiles de la surface.

Aujourd'hui
L'érosion a fini par exposer les fossiles à la surface. Les paléontologues peuvent maintenant extraire délicatement les fossiles de la roche.

MINÉRAUX

Étonnante Terre

La Terre et l'humanité qui la peuple ont, au fil du temps, édifié d'extraordinaires structures. Aux reliefs naturels, comme la Grande Barrière de corail australienne ou le Grand Canyon américain, font écho les merveilles créées par les hommes, tel le canal de Suez, en Afrique, qui relie la Méditerranée à la mer Rouge. Voici quelques-uns des joyaux de la planète.

Bouquets minéraux
Divers minéraux naturels, dont le fer, l'aluminium et le cuivre, sont combinés pour produire les superbes couleurs qui jaillissent lors des feux d'artifice.

Le diamant Cullinan
Le plus gros diamant du monde fut découvert en Afrique du Sud en 1905. Les gemmes taillées dans ce diamant appartiennent à la Couronne britannique.

Stonehenge
Ces pierres gigantesques ont été disposées en cercle il y a plus de quatre mille ans, en Angleterre, dans le Wiltshire. Depuis des siècles, on tente de comprendre comment et pourquoi.

Mont Rushmore
De 1927 à 1941, 400 ouvriers ont travaillé à sculpter les têtes de quatre présidents des États-Unis sur la paroi du mont Rushmore, dans le Dakota du Sud.

Les grottes de Carlsbad
Les eaux de ruissellement ont lentement creusé ce réseau de grottes du Nouveau-Mexique, aux États-Unis. Long de près de 60 m, il comprend la plus grande cavité souterraine du monde.

Uluru
Cette formation de grès culmine à 348 m dans le désert australien et mesure 9,4 km de circonférence. Son aspect change au fil de l'année. Rougeoyante au coucher du soleil, Uluru devient gris argent pendant la saison des pluies.

La Grande Pyramide
Il a fallu vingt ans pour bâtir cette impressionnante merveille d'Égypte. Elle est constituée de plus de 2,3 millions de blocs de calcaire et est restée durant 3 800 ans la plus haute structure du monde érigée par l'homme !

Fabriquer un fossile

Tu peux créer un fossile avec quelques ingrédients et ustensiles que tu trouveras facilement chez toi.

1 Tapisse le moule de papier sulfurisé.

2 Remplis à moitié de terre le récipient en plastique.

3 Mélange délicatement un peu d'eau avec la terre jusqu'à obtenir une boue épaisse et collante.

4 Dispose l'objet à fossiliser au centre du récipient et recouvre-le de boue.

5 Transfère le tout dans le moule et lisse la boue comme pour former une tourte. Assure-toi que l'objet est bien enfoui.

6 Place le moule au soleil, à l'extérieur ou sur un rebord de fenêtre. La boue doit sécher jusqu'à devenir dure.

7 Quand la boue est complètement sèche, casse-la délicatement pour l'ouvrir : ton fossile apparaît.

SUGGESTION
Tu peux tenter de fabriquer un fossile de ton empreinte de main ou de pied. Essaye aussi avec de l'argile ou du plâtre.

Il te faut :

- ☑ Papier sulfurisé
- ☑ Moule à gâteau
- ☑ Récipient en plastique
- ☑ Terre
- ☑ Eau
- ☑ Cuillère
- ☑ Objet à fossiliser, comme une feuille, une coquille d'escargot ou de Saint-Jacques, un morceau de bois…

Glossaire

astéroïde
petit corps rocheux tournant autour du Soleil.

asthénosphère
couche visqueuse du manteau terrestre située juste sous la croûte.

atmosphère
couche gazeuse enveloppant la Terre et maintenue en place par la gravité terrestre.

cassure
forme ou trace laissée sur un minéral fracturé.

comète
corps composé de roche et de glace décrivant des orbites longues autour du Soleil.

cratère
trou creusé par la chute d'une comète ou d'une météorite à la surface d'une planète ou d'une lune.

croûte
couche externe de la Terre et des autres planètes telluriques.

étoile
corps céleste composé surtout d'hydrogène et de gaz, qui brille très fortement.

fusion, en
se dit d'une roche réduite à l'état liquide par la chaleur.

gravité
force attirant les objets vers le centre d'une planète ou d'un autre corps céleste.

ignée
se dit d'une roche formée par solidification de roche en fusion.

lave
roche en fusion s'écoulant d'un volcan au cours d'une éruption.

magma
roche en fusion remontant du manteau dans la croûte terrestre.

manteau
région intérieure d'une planète, située sous la croûte et surmontant le noyau.

métamorphique
se dit d'une roche transformée par la pression et la chaleur.

météorite
corps céleste rocheux ou métallique qui s'écrase à la surface d'une planète.

minéraux
substances chimiques solides, formées à l'intérieur de la Terre ou d'autres planètes, qui composent les roches.

noyau
région centrale d'une planète ou d'une galaxie.

orbite
trajectoire décrite par un corps céleste autour d'un autre, plus gros.

sédimentaire
se dit d'une roche formée à partir de l'accumulation de sable, de limon et de sédiments argileux.

Système solaire
ensemble formé par le Soleil, les huit planètes et les autres corps célestes qui tournent autour de lui.

transparence
propriété d'un objet à travers lequel on peut voir facilement.

Index

A
ambre 26
astéroïde 6, 9
asthénosphère 11
atmosphère 6, 9

B
basalte 13, 21

C
canyon 22, 23, 28
Carlsbad, grottes de 29
Chaussée des Géants 21
colonne 20, 21
comète 8, 9
convection, courants de 11
cristaux 15, 20

D
diamant 15, 16, 17, 18, 19, 28

E
émeraude 18, 19

F
feux d'artifice 28
fluorite 16, 17
fossiles 26, 27, 30

G
gemmes 18
Grande Pyramide 29
Grand Canyon 23, 28
Grande Barrière de corail 28
gravité 7

I
impuretés 16

J
Jupiter 7

L
lave 8, 13, 20, 21

M
magma 13, 19, 25
Mars 6
Mercure 6
métamorphisme 12-13, 24-25
météorite 8, 9
minéraux 10, 14, 15, 16, 17, 18, 19, 28
Mohs, échelle de 17

N
Neptune 7
nuage 7, 8, 9

O
océan 8, 12
olivine 10

P
pierres de naissance 18
pierres précieuses 18

Q
quartz 15, 17, 18

R
rubis 18, 19
Rushmore, mont 29

S
saphir 18, 19
Saturne 7
Solaire, système 6, 7
Stonehenge 28

T
translucide 17
transparent 17

U
Uluru 29
Univers 6
Uranus 7

V
vapeur 9
Vénus 6

Crédits et remerciements
Abréviations : hg = haut gauche ; hc = haut centre ; hd = haut droite ; cg = centre gauche ; c = centre ; cd = centre droite ; bg = bas gauche ; bc = bas centre ; bd = bas droite ; ap = arrière-plan
CBT = Corbis ; DT = Dreamstime ; GI = Getty Images ; iS = istockphoto.com ; PDCD = PhotoDisc ; PECD = PhotoEssentials ; SH = Shutterstock ; TPL = photolibrary.com
Intérieur : **1**c iS ; **4-5**c GI ; **7**bc iS ; **8**ap iS ; **9**ap, cd iS ; **10**bc CBT ; cg iS ; **12-13**ap iS ; **13**bd, cd, hd SH ; **14**c CBT ; ap SH ; **14-15**ap TPL ; **15**cd iS ; ap SH ; **16**bc, bg, c iS ; **16-17**bc, ap iS ; **17**bg iS ; **18**hd DT ; hc iS ; **18-19**ap iS ; **19**c, cg, hc DT ; hg, hd iS ; **20-21**cd GI ; **21**hd iS ; **24**bg, cg, CBT ; hg TPL ; **24-25** hc CBT ; ap iS ; **25**bd, cd, hd iS ; hc TPL ; **26**hg iS ; ap SH ; **26-27**ap SH ; **27**hd SH ; **28**cg CBT ; bc PDCD ; **28-29**bc PDCD ; hc, ap SH ; **29**bd, hd DT ; **30**bd iS ; ap, cd PECD ; **31**bd, bd, bd DT
Couverture : illustrations © Weldon Owen Pty Ltd, sauf **4ᵉ plat** c © Mario Lopes/Shutterstock, cg © Dreamstime.

Toutes les autres illustrations © Weldon Owen Pty Ltd, sauf **8-9**ap Dr. Mark A. Garlick